El Pequeño Libro del Blob

Descubriendo el misterioso organismo que fascina al mundo

De

Timéo Grimes

Tabla de Contenido:

Introducción

En el inmenso universo de la biodiversidad, existe un organismo enigmático, una criatura a la vez simple y extraordinaria, que ha cautivado la admiración de científicos y curiosos de todo el mundo. Ese organismo es el Blob.

El Blob no es un nombre extraño para un superhéroe de cómic ni una criatura sacada directamente de una película de ciencia ficción, aunque su nombre pueda llevar a confusión. No, el Blob es muy real, una fascinante entidad viva que ha llamado la atención de la comunidad científica y del público en general, intrigando por su simplicidad y complejidad al mismo tiempo.

En las páginas que siguen, te invitamos a sumergirte en el sorprendente mundo del Blob, a descubrir más sobre sus secretos y peculiaridades, y a comprender por qué merece ser conocido y estudiado. Ya seas un aficionado a la ciencia, un curioso o simplemente alguien que ha oído hablar del Blob y quiere saber más, este pequeño libro es tu guía para desentrañar los misterios de este asombroso organismo.

A lo largo de los capítulos que siguen, exploraremos la biología del Blob, sus sorprendentes comportamientos, su influencia en la cultura popular, su papel en la investigación científica y mucho más. Te revelaremos cómo este simple organismo puede ayudarnos a entender preguntas complejas sobre la vida y el mundo que nos rodea.

Prepárate para maravillarte, sorprenderte e inspirarte con la historia del Blob. Estás a punto de embarcarte en un fascinante viaje para descubrir un organismo extraordinario, y esperamos que disfrutes cada momento de esta exploración.

Así que, sin más preámbulos, sumerjámonos en el mundo misterioso del Blob.

Capítulo 1: El Blob Revelado

En el inmenso universo de la biodiversidad, entre las miles de formas de vida que pueblan nuestro planeta, existe un organismo enigmático, una entidad al mismo tiempo simple y extraordinaria que ha suscitado la admiración de científicos y curiosos de todo el mundo. Esa entidad es el Blob.

Su origen y los primeros descubrimientos

La historia del Blob comienza con observaciones completamente inesperadas. Las primeras menciones de este organismo enigmático se remontan al principio del siglo XX, cuando un biólogo francés llamado Henri-Jules Jules Griffon descubrió una sustancia gelatinosa extraña en el bosque de Fontainebleau. Griffon apodó este descubrimiento como "el individuo", sin sospechar aún que esta simple masa gelatinosa se convertiría en objeto de estudios profundos en el futuro.

Sin embargo, el Blob tal como lo conocemos hoy fue identificado formalmente en 1973, cuando la bióloga francesa Jacqueline Goy realizó una serie de experimentos para entender este organismo enigmático. Ella llamó a este descubrimiento "Physarum polycephalum", pero el apodo "Blob" se mantuvo más popular.

¿Por qué el Blob es tan intrigante para los científicos y el público en general?

Lo que hace al Blob tan intrigante es su aparente simplicidad combinada con comportamientos sorprendentemente complejos. No tiene cerebro, sistema nervioso ni órganos sensoriales, y sin embargo, es capaz de resolver problemas, adaptarse a su entorno e incluso aprender.

Los científicos se sienten fascinados por el Blob porque cuestiona nuestras nociones tradicionales sobre lo que es la vida y cómo funciona. Su forma de operar sin cerebro ni sistema circulatorio recuerda al concepto de "descentralización" en biología, donde cada parte del organismo actúa de manera autónoma contribuyendo al conjunto.

Para el público en general, el Blob es cautivador debido a su estatus de ícono de la ciencia inusual. Ha aparecido en películas, programas de televisión e incluso videojuegos, contribuyendo así a su notoriedad. Además, su nombre intrigante y su naturaleza enigmática despiertan la curiosidad de todos, ya sea que estén apasionados por la ciencia o simplemente en busca de descubrimientos sorprendentes.

En los próximos capítulos, nos sumergiremos aún más en el fascinante mundo del Blob, explorando su biología, sus comportamientos misteriosos y sus implicaciones en la investigación científica moderna. Prepárate para maravillarte ante

la complejidad simple de este organismo
único, el Blob.

Capítulo 2: El Blob como organismo

El Blob, este organismo enigmático, es mucho más complejo de lo que parece. Para entender su funcionamiento fascinante, debemos adentrarnos en los detalles de su biología.

Sus características únicas y asombrosas adaptaciones

El Blob pertenece a la familia de los mixomicetos, una categoría de criaturas que se encuentra principalmente en entornos húmedos y boscosos. Su estructura es relativamente simple: se presenta como una masa gelatinosa de color amarillo brillante. Sin embargo, esta simplicidad esconde una complejidad notable.

A nivel microscópico, el Blob está formado por miles de núcleos, cada uno siendo responsable de una pequeña parte de su masa. Esta estructura sin órgano centralizado le permite moverse y explorar su entorno de manera única. No tiene ojos ni oídos, pero puede detectar estímulos químicos y variaciones de luz para orientarse.

Una de las características más sorprendentes del Blob es su capacidad para fusionarse con otros individuos de la misma especie, creando así una supercélula gigante. Esta adaptación le permite sobrevivir en condiciones difíciles y moverse de manera más eficiente en busca de alimento.

Su papel en el ecosistema y la biodiversidad

El Blob no se conforma con ser un organismo fascinante, también desempeña un papel crucial en el ecosistema. Al alimentarse principalmente de bacterias y hongos, contribuye a regular las poblaciones microbianas en los suelos forestales. Esta función, aunque discreta, tiene un impacto significativo en la salud de los ecosistemas.

Además, el Blob es un ejemplo perfecto de la increíble diversidad de la vida en la Tierra. Nos recuerda que incluso los organismos más modestos pueden ofrecer lecciones esenciales sobre biología y adaptación. Comprender el Blob también significa comprender un poco mejor el funcionamiento de nuestro planeta y las complejas relaciones que existen entre las diferentes formas de vida.

En los próximos capítulos, nos sumergiremos aún más en los misterios del Blob, explorando sus comportamientos intrigantes y su lugar en la cultura popular. Prepárate para descubrir cómo este organismo sin cerebro ni sistema nervioso desafía nuestras ideas preconcebidas sobre la vida y la biología.

Capítulo 3: Las Curiosidades del Blob

El Blob, como organismo, no deja de sorprendernos con sus comportamientos singulares y fuera de lo común. Aunque carece de cerebro y sistema nervioso central, exhibe una notable capacidad para resolver problemas complejos y aprender.

Comportamientos extraños del Blob

El Blob presenta una amplia variedad de comportamientos extraños que intrigan a los científicos y cautivan al público en general. Entre estos comportamientos, se destaca su capacidad para moverse sin miembros aparentes, explorar su entorno de manera efectiva y responder a estímulos químicos y luminosos.

Capacidad para resolver problemas y aprender

Lo que hace al Blob aún más notable es su capacidad para resolver problemas y aprender. A pesar de la ausencia de cerebro, puede resolver laberintos para llegar a una fuente de alimento, elegir la ruta más corta para desplazarse hacia un objetivo e incluso adaptarse a condiciones ambientales cambiantes. Esta capacidad para resolver problemas está respaldada por una memoria sorprendente que le permite memorizar patrones de comportamiento exitosos y volver a utilizarlos en situaciones similares.

Experimentos científicos emocionantes con el Blob

Los científicos han aprovechado estos singulares comportamientos del Blob para llevar a cabo experimentos fascinantes.

Estas experiencias han abordado diversos aspectos de la biología y la cognición, dando lugar a resultados sorprendentes. Entre los experimentos notables se encuentra el uso del Blob para estudiar la comunicación intercelular y su comportamiento frente a desafíos complejos.

El Blob se ha convertido en una estrella en el mundo de la investigación científica debido a sus capacidades únicas. Su aparente falta de un sistema neuronal centralizado desafía nuestras concepciones tradicionales de la inteligencia y la cognición.

En los próximos capítulos, exploraremos más a fondo el impacto del Blob en la cultura popular y su papel esencial en la investigación científica moderna. Descubrirás cómo este organismo simple pero extraordinario continúa desafiando nuestras expectativas e inspirando la ciencia y la imaginación.

Capítulo 4: El Blob en la Cultura Popular

El Blob, como organismo fascinante, ha encontrado su lugar en la cultura popular, convirtiéndose en un fenómeno por derecho propio.

¿Cómo se convirtió el Blob en un fenómeno cultural?

La historia del Blob como fenómeno cultural se remonta a su aparición en una película de ciencia ficción de culto de los años 1950, titulada simplemente "The Blob" (El Blob en español). Esta película presentaba una masa gelatinosa extraterrestre que devoraba todo a su paso. La trama emocionante y los efectos especiales para la época cautivaron al público, contribuyendo a convertir al Blob en un ícono de la cultura popular.

Sus apariciones en películas, literatura y medios

Desde esta película inicial, el Blob ha aparecido en numerosas obras de ficción, ya sea en el cine, la literatura o los medios. Las adaptaciones cinematográficas y televisivas han continuado explorando la fascinación por este organismo, presentándolo ya sea como una amenaza aterradora o como sujeto de estudio científico.

La literatura de ciencia ficción también ha dedicado obras al Blob, integrando su extraña naturaleza en relatos de ciencia ficción que cuestionan los límites de la vida y la inteligencia. El Blob también está presente en la cultura de internet moderna, donde se ha convertido en un meme, apareciendo en videos virales y bromas en línea, contribuyendo así a su notoriedad.

El Blob como símbolo de la ciencia fascinante

Más allá de su estatus como monstruo de cine, el Blob se ha convertido en un símbolo de la ciencia fascinante. Encarna la idea de que, incluso en los rincones más inesperados de la naturaleza, podemos encontrar maravillas y misterios dignos de exploración.

El Blob recuerda al público en general que la ciencia no se limita a los laboratorios, sino que puede surgir en formas sorprendentes dentro de la biodiversidad misma. Despierta el interés por la biología y el estudio de organismos simples, abriendo así el camino a descubrimientos inesperados.

En los próximos capítulos, continuaremos explorando el papel del Blob en la investigación científica, así como sus implicaciones en la comprensión de la vida y la evolución. Descubrirás cómo este organismo continúa inspirando la ciencia y la cultura, recordándonos que el mundo natural está lleno de maravillas insospechadas.

Capítulo 5: El impacto del Blob en la investigación científica

El Blob, como organismo sorprendente, ha desempeñado un papel crucial en la investigación científica, abriendo el camino a nuevos descubrimientos y avances.

Los avances científicos facilitados por el estudio del Blob

El estudio del Blob ha permitido a los científicos obtener información valiosa sobre aspectos fundamentales de la biología. Por ejemplo, los investigadores han examinado cómo el Blob toma decisiones sin un sistema nervioso centralizado o cómo resuelve problemas complejos. Uno de los avances notables es la comprensión de los mecanismos de comunicación intercelular. El Blob utiliza una red compleja de proteínas y señales químicas para coordinar sus actividades, ofreciendo así un modelo fascinante para el estudio de las interacciones celulares.

Las aplicaciones potenciales en biología, medicina y tecnología

El conocimiento adquirido mediante el estudio del Blob tiene implicaciones importantes en diversos campos. En biología, ayuda a comprender mejor los principios subyacentes a la coordinación celular, lo que podría tener aplicaciones en la investigación del cáncer y otras enfermedades.

En medicina, los mecanismos de resolución de problemas del Blob podrían inspirar enfoques de tratamiento innovadores, especialmente en lo que respecta a los sistemas de administración de medicamentos.

En el ámbito de la tecnología, el Blob ofrece perspectivas interesantes para el desarrollo de sistemas de inteligencia artificial y robótica basados en modelos biológicos descentralizados.

Los proyectos de investigación actuales relacionados con el Blob

El Blob sigue siendo un tema de investigación activa, con muchos proyectos en curso. Los científicos están explorando sus capacidades cognitivas únicas para resolver problemas complejos y buscan aplicar estos principios en diversos campos.

Además, se están llevando a cabo estudios exhaustivos para comprender cómo el Blob se comunica consigo mismo y con otros organismos, abriendo nuevas perspectivas para la investigación en ecología y biología de sistemas.

En los próximos capítulos, continuaremos nuestra exploración de la influencia del Blob, destacando su importancia para la concienciación científica y explorando cómo cada persona puede contribuir a apoyar la investigación sobre este organismo sorprendente. Descubrirás cómo el Blob sigue inspirando la ciencia y abriendo camino a nuevos descubrimientos.

Capítulo 6: El Blob en el mundo moderno

El Blob ha adquirido un lugar especial en el mundo moderno como organismo que inspira la concienciación científica.

La importancia del Blob para la concienciación científica

En un mundo cada vez más complejo y tecnológico, es esencial despertar interés por la ciencia y promover la comprensión de los conceptos científicos. El Blob desempeña un papel crucial en esto al cautivar la imaginación del público en general.

Su naturaleza extraña y sus comportamientos fascinantes sirven como punto de entrada para abordar temas científicos complejos de manera accesible. Presentando al Blob como un ejemplo concreto de la diversidad y complejidad de la vida, permite al público cuestionarse sobre las maravillas de la naturaleza y apreciar la investigación científica.

Proyectos educativos y de divulgación del Blob

El Blob también ha inspirado una multitud de proyectos educativos y de divulgación científica. Museos, instituciones educativas y asociaciones organizan exposiciones y programas educativos centrados en el Blob, permitiendo a los visitantes descubrir de manera interactiva este fascinante organismo.

En línea, videos educativos, documentales y artículos populares destacan las curiosidades del Blob, haciéndolo accesible a un público mundial. Los profesores incorporan al Blob en sus planes de estudio para estimular el interés de los estudiantes en biología y ciencia en general.

Cómo puedes involucrarte y apoyar la investigación sobre el Blob

Si el Blob te intriga y deseas participar, hay varias formas de apoyar la investigación y la concienciación sobre este tema. Puedes respaldar organizaciones de investigación y conservación dedicadas al estudio del Blob y la preservación de su hábitat natural.

Además, puedes participar en eventos educativos o talleres científicos dedicados al Blob. Compartir tu entusiasmo por este organismo asombroso con otras personas también puede contribuir a difundir la concienciación científica.

En conclusión, el Blob ocupa un lugar único en el mundo moderno como embajador de la ciencia. Nos recuerda que la vida en la Tierra es diversa y fascinante, y que siempre hay nuevas cosas por descubrir. Al seguir apoyando la investigación y la concienciación sobre el Blob, contribuimos a fomentar la curiosidad científica e inspirar a las generaciones futuras a explorar las maravillas del mundo natural.

Conclusión: El Blob, una fuente inagotable de asombro

Al recorrer las páginas de este libro, has conocido a un organismo extraordinario: el Blob. Desde sus misteriosos orígenes hasta sus sorprendentes comportamientos, pasando por su papel en la cultura popular y su impacto en la investigación científica moderna, has descubierto las múltiples facetas de este ser fascinante.

A pesar de su aparente simplicidad, el Blob encarna la complejidad infinita de la vida en la Tierra. Nos recuerda que la naturaleza está llena de sorpresas y que cada rincón de nuestro planeta alberga misterios por revelar. Su falta de cerebro, sistema nervioso centralizado y órganos sensoriales convencionales lo hace aún más intrigante, desafiando nuestras ideas preconcebidas sobre lo que significa ser "inteligente" o "vivo".

A lo largo de este viaje a través del mundo del Blob, también has descubierto cómo este organismo ha influido en la cultura popular, convirtiéndose en un ícono de la ciencia insólita y un símbolo de la exploración científica. Nos muestra que la ciencia puede ser tan cautivadora como la ficción, y que la frontera entre ambas a menudo es delgada.

Además, has explorado el impacto del Blob en la investigación científica, descubriendo cómo ha contribuido a nuevos avances en campos tan diversos como la biología, la medicina y la tecnología. Sus sorprendentes habilidades han allanado el camino para comprender la vida y la inteligencia de nuevas maneras.

Finalmente, has conocido la importancia del Blob para la concienciación científica y cómo continúa inspirando proyectos educativos y de divulgación en todo el mundo. Nos recuerda que la ciencia está al alcance de todos y que la curiosidad es la clave de los descubrimientos.

Al concluir esta exploración del mundo del Blob, te invitamos a seguir maravillándote ante las maravillas de la naturaleza, a apoyar la investigación científica y a compartir tu pasión por la ciencia con los demás. El Blob es un ejemplo extraordinario de la riqueza de la biodiversidad de nuestro planeta, y nos recuerda que, incluso en los rincones más modestos de la naturaleza, podemos encontrar tesoros de conocimiento.

Entonces, que tu curiosidad te guíe hacia nuevos descubrimientos y que el misterio del Blob continúe inspirándote a explorar las fascinantes profundidades del mundo natural. La ciencia es un viaje interminable, y el Blob es una etapa intrigante en ese camino.

ANEXO: Cuestionario sobre el Blob

Este cuestionario puede utilizarse para poner a prueba tus conocimientos después de leer el libro "El Pequeño Libro del Blob" o como una herramienta de autoevaluación para reforzar la comprensión de los conceptos clave relacionados con el Blob y sus diversas facetas.

1. ¿Cuál es el nombre científico del Blob?
2. ¿Quién fue el biólogo francés que descubrió por primera vez al Blob en el bosque de Fontainebleau?
3. ¿Cuál es el color característico del Blob?
4. ¿Qué hace que el Blob sea tan intrigante para los científicos a pesar de su aparente simplicidad?

5. ¿Cómo se desplaza el Blob sin tener miembros aparentes?
6. ¿Qué capacidad sorprendente del Blob se demostró en un experimento de resolución de laberintos?
7. ¿Cómo se comunica el Blob consigo mismo y con otros organismos?
8. ¿En qué década se realizó inicialmente la película "The Blob", contribuyendo así a la notoriedad del Blob en la cultura popular?
9. ¿En qué campos de la ciencia el Blob ha tenido un impacto, según el libro?
10. ¿Cuál es el papel del Blob en la regulación de las poblaciones microbianas en los suelos forestales?

Respuestas:

1. El nombre científico del Blob es "Physarum polycephalum".
2. El biólogo francés que descubrió al Blob por primera vez en el bosque de Fontainebleau fue Henri-Jules Griffon.
3. El Blob tiene un color característico amarillo brillante.
4. El Blob es intrigante para los científicos debido a su capacidad para resolver problemas complejos a pesar de la falta de cerebro o sistema nervioso centralizado.
5. El Blob se desplaza utilizando estímulos químicos y luminosos para orientarse.
6. El Blob demostró su capacidad para resolver laberintos y alcanzar una fuente de alimento.
7. El Blob se comunica utilizando una red compleja de proteínas y señales químicas.
8. La película "The Blob" se realizó inicialmente en la década de 1950.
9. El Blob ha tenido un impacto en los campos de la biología, medicina y tecnología.

10. El Blob contribuye a la regulación de las poblaciones microbianas en los suelos forestales.

9 798872 915119